essentials

essentials liefern aktuelles Wissen in konzentrierter Form. Die Essenz dessen, worauf es als „State-of-the-Art" in der gegenwärtigen Fachdiskussion oder in der Praxis ankommt. *essentials* informieren schnell, unkompliziert und verständlich

- als Einführung in ein aktuelles Thema aus Ihrem Fachgebiet
- als Einstieg in ein für Sie noch unbekanntes Themenfeld
- als Einblick, um zum Thema mitreden zu können

Die Bücher in elektronischer und gedruckter Form bringen das Expertenwissen von Springer-Fachautoren kompakt zur Darstellung. Sie sind besonders für die Nutzung als eBook auf Tablet-PCs, eBook-Readern und Smartphones geeignet. *essentials:* Wissensbausteine aus den Wirtschafts-, Sozial- und Geisteswissenschaften, aus Technik und Naturwissenschaften sowie aus Medizin, Psychologie und Gesundheitsberufen. Von renommierten Autoren aller Springer-Verlagsmarken.

Weitere Bände in der Reihe http://www.springer.com/series/13088

Stefan Schäffler

Die Kunst des Zählens

Eine Einführung in die Kombinatorik

Stefan Schäffler
Lehrstuhl für Mathematik und
Operations Research
Universität der Bundeswehr München
Neubiberg, Deutschland

ISSN 2197-6708 ISSN 2197-6716 (electronic)
essentials
ISBN 978-3-658-24695-2 ISBN 978-3-658-24696-9 (eBook)
https://doi.org/10.1007/978-3-658-24696-9

Die Deutsche Nationalbibliothek verzeichnet diese Publikation in der Deutschen Nationalbibliografie; detaillierte bibliografische Daten sind im Internet über http://dnb.d-nb.de abrufbar.

Springer Spektrum

Springer Spektrum ist ein Imprint der eingetragenen Gesellschaft Springer Fachmedien Wiesbaden GmbH und ist ein Teil von Springer Nature
Die Anschrift der Gesellschaft ist: Abraham-Lincoln-Str. 46, 65189 Wiesbaden, Germany

Was Sie in diesem *essential* finden können

- Zählen von Teilmengen und Partitionen
- Stirlingzahlen erster und zweiter Art
- Approximation von Summen
- Zählen von Mustern
- Erzeugende Funktionen

für
Dr. Rainer von Chossy
auf dessen enzyklopädisches Wissen ich
seit fast zwei Jahrzehnten zugreifen darf

Inhaltsverzeichnis

1 Grundlagen 1

2 Teilmengen 7

3 Summen 19

4 Muster 23

Literatur 35

Symbolverzeichnis

$A^{\langle\rangle}$ Multimenge

B_i Bernoullizahl

$\binom{n}{k}$ Binomialkoeffizient

$\{{}^n_k\}$ Stirlingzahl zweiter Art

S_n Symmetrische Gruppe

π_n Permutation

$[{}^n_k]$ Stirlingzahl erster Art

Einleitung

Es gibt drei Arten von
Mathematikern, die einen können
zählen, die anderen nicht.
Unbekannt

Der erste Kontakt mit der Kombinatorik – also der Mathematik des Zählens – findet üblicherweise im Gymnasium im Rahmen des Stochastik-Unterrichts statt und in der Tat ist die Kombinatorik die Basis der diskreten Wahrscheinlichkeitstheorie (siehe [BaHr17]). Man erinnert sich an – bisweilen ungenau formulierte – Textaufgaben, bei denen die Schüler versuchen, die typischen Fragen „spielt die Reihenfolge eine Rolle oder nicht", „unterscheidbar oder nicht" bzw. „mit oder ohne Zurücklegen" zu beantworten. Selbst viele, die sich später beruflich mit Mathematik beschäftigen, sind oft froh, damit nichts mehr zu tun zu haben.

Auf der anderen Seite ist die Kombinatorik ein hoch interessantes, methodisch sehr attraktives und für viele Anwendungen relevantes Teilgebiet der Mathematik, zum Beispiel in der Codierungstheorie, in der Kryptologie oder in der Chemie etwa bei der Frage, wie viele Alkohole es mit n C-Atomen gibt (Abzählen verschiedener Muster, siehe Kapitel vier und [Ai06]).

Dieser Text dient daher dazu, Interesse an der Kombinatorik zu wecken und den Leser zu überzeugen, eines der hervorragenden Standardwerke auf diesem Gebiet (etwa [Ti14] oder [MaTo11]) in die Hand zu nehmen. Speziell für Lehrer sei noch [ReSt11] empfohlen.

Das erste Kapitel ist den Grundlagen gewidmet und führt wichtige Begriffe wie (geordnete) Menge, Teilmenge, Multimenge, Partition und Permutation ein. Im zweiten Kapitel werden Methoden zum Zählen von geordneten und nicht geordneten Teilmengen sowie von Partitionen vorgestellt; dabei wird insbesondere Wert auf die Verwendung erzeugender Funktionen gelegt. Als eine Anwendung wird die

Frage untersucht, wie viele verschiedene Wörter mit einer vorgegebenen Anzahl von Buchstaben man mit einem gegebenen Zeichenvorrat bilden kann. Im dritten Kapitel wird die Euler-Maclaurinsche Summenformel hergeleitet, die in der Kombinatorik nicht zur Approximation von Integralen durch die Trapezregel dient, sondern die zur Approximation von Summen durch Verwendung der Integrationstheorie verwendet wird. Das letzte Kapitel betrachtet das Zählen verschiedener Muster. Da diese Fragestellung wichtige Ergebnisse der Algebra wie den Satz von Burnside benötigt, wird nur ein Beispiel ausführlich vorgestellt; durch dieses Beispiel kann aber die prinzipielle Vorgehensweise direkt verstanden werden.

Herr Dr. Rainer von Chossy hat auch diesen Text kritisch durchgearbeitet und mir dadurch sehr geholfen. Einmal mehr bin ich ihm zu großem Dank verpflichtet.

Grundlagen

1

Der Begriff „Menge" gehört zu den Grundbegriffen der Mathematik. Eine formale Definition dessen, was Mathematiker unter „Menge" verstehen, wird in der Mengenlehre vermieden; daher verwenden wir eine umgangssprachliche Beschreibung, die von GEORG CANTOR, dem Begründer der Mengenlehre, stammt:

> Unter einer Menge verstehen wir jede Zusammenfassung von bestimmten, wohlunterschiedenen Objekten unserer Anschauung oder unseres Denkens zu einem Ganzen.

Wir werden Mengen mit Großbuchstaben bezeichnen. Die Objekte der Menge A werden Elemente von A genannt. Man schreibt $a \in A$ (bzw. $a \notin A$), wenn das Objekt a ein (bzw. kein) Element von A ist. Es ist wichtig festzuhalten, dass die Elemente einer Menge **unterscheidbar** sein müssen, also ein Element nicht mehrfach in einer Menge vorkommen darf.

Neben der Aufzählung von Elementen zwischen geschweiften Klammern bei endlichen Mengen zum Beispiel durch

$$A = \{a_1, a_2, \ldots, a_n\},$$

wobei die Reihenfolge keine Rolle spielt (die Elemente in einer Menge sind also **nicht geordnet**), werden Mengen sehr häufig durch die Angabe einer Eigenschaft $\mathcal{E}$, die genau allen Elementen einer zu betrachtenden Menge zukommt, beschrieben. Zum Beispiel könnte man die Menge $\left\{-\sqrt{2}, +\sqrt{2}\right\}$ auch durch $\left\{x \in \mathbb{R}; \, x^2 = 2\right\}$ darstellen. Die leere Menge $\emptyset$ besitzt kein Element.

Eine Menge B heißt **Teilmenge** von A (in Zeichen: $B \subseteq A$), wenn jedes Element von B auch Element von A ist. Zwei Mengen A, B heißen **gleich,** in Zeichen: $A = B$,

© Springer Fachmedien Wiesbaden GmbH, ein Teil von Springer Nature 2019
S. Schäffler, *Die Kunst des Zählens,* essentials,
https://doi.org/10.1007/978-3-658-24696-9_1

falls sowohl $A \subseteq B$ als auch $B \subseteq A$ gilt. Eine Menge B heißt echte Teilmenge von A (in Zeichen: $B \subset A$), wenn $B \subseteq A$ und $B \neq A$ gilt. Für zwei Mengen A, B sind der Durchschnitt $A \cap B$ und die Vereinigung $A \cup B$ definiert durch

$$A \cap B := \{x; \ x \in A \text{ und } x \in B\},$$
$$A \cup B := \{x; \ x \in A \text{ oder } x \in B\}.$$

Besitzen zwei Mengen A, B kein gemeinsames Element, so heißen sie **disjunkt,** d. h. es gilt $A \cap B = \emptyset$.

Als direktes (oder kartesisches) Produkt von n nichtleeren Mengen $A_1, \ldots, A_n$ bezeichnet man die Menge

$$A_1 \times \ldots \times A_n := \{(a_1, \ldots, a_n); \ a_i \in A_i \text{ für alle } i = 1, \ldots, n\}.$$

Die Elemente $(a_1, \ldots, a_n)$ dieser Menge werden als „geordnete n-Tupel" bezeichnet. Der Begriff „geordnet" ist dadurch gerechtfertigt, dass gilt:

$$(a_1, \ldots, a_n) = (a_1', \ldots, a_n') \text{ genau dann, wenn } a_i = a_i' \text{ für alle } i = 1, \ldots, n.$$

Die Anzahl der Elemente einer Menge M wird als **Mächtigkeit** von M bezeichnet und durch $|M|$ notiert. Sind zwei Mengen A, B disjunkt, so gilt:

$$|A \cup B| = |A| + |B| \quad \text{(Additionsprinzip)}$$

und für das direkte Produkt $A_1 \times \ldots \times A_n$ gilt:

$$|A_1 \times \ldots \times A_n| = |A_1| \cdot \ldots \cdot |A_n| \quad \text{(Multiplikationsprinzip)}.$$

Mit

$$A^m := \underbrace{A \times A \times \ldots \times A}_{m\text{-mal}}, \quad m \in \mathbb{N}, \text{ und } |A| = n$$

folgt:

$$\left| A^m \right| = n^m.$$

Eine **Partition** einer nichtleeren Menge A ist gegeben durch nichtleere Mengen $P_1, \ldots, P_k, k \in \mathbb{N}$, mit

- $P_1 \cup P_2 \cup \ldots \cup P_k = A$,
- $P_i \cap P_j = \emptyset$ für alle $i \neq j$.

Die einzige Partition der leeren Menge ist die leere Menge selbst. Für die Menge $A = \{a, b, c\}$ gibt es zum Beispiel die folgenden Partitionen:

$$\{a, b, c\}$$
$$\{a, b\}, \{c\}$$
$$\{a, c\}, \{b\}$$
$$\{b, c\}, \{a\}$$
$$\{a\}, \{b\}, \{c\}.$$

Die Menge T_3 aller Partitionen von $A = \{a, b, c\}$ ist also gegeben durch

$$T_3 = \Big\{ \{\{a, b, c\}\}, \{\{a, b\}, \{c\}\}, \{\{a, c\}, \{b\}\}, \{\{b, c\}, \{a\}\}, \{\{a\}, \{b\}, \{c\}\} \Big\}$$

mit $|T_3| = 5$. Jede Menge mit drei Elementen besitzt somit fünf Partitionen. Will man, dass ein Element auch mehrfach in einer Menge vorkommen darf, so spricht man von einer **Multimenge.** Die Multimenge

$$A^{()} = \langle w, w, w, s, s, b, w, s, b \rangle$$

besitzt die Mächtigkeit $|A^{()}| = 9$, wobei das Element w viermal vorkommt, das Element s dreimal und das Element b zweimal. Auch die Elemente von Multimengen sind **nicht geordnet.**

Ausgehend von einer Menge M_n mit $n \in \mathbb{N}$ Elementen untersuchen wir nun die Frage, auf wie viel verschiedene Arten man die Elemente von M_n durch die natürlichen Zahlen $\{1, 2, \ldots, n\}$ nummerieren kann. Gesucht ist also die Anzahl der injektiven (und damit bijektiven) Funktionen

$$f_n : \{1, 2, \ldots, n\} \to M_n.$$

Ist $M_n = \{1, 2, \ldots, n\}$ so spricht man von einer **Permutation.**

Seien nun

$$I_n := \Big\{ f_n : \{1, 2, \ldots, n\} \to M_n;\ f_n \text{ ist injektiv} \Big\}$$

und $M_{n+1} = M_n \cup \{a_{n+1}\}$ die um das neue Element $\{a_{n+1}\}$ erweiterte Menge M_n mit $n+1$ Elementen. Zu jedem $f_n \in I_n$ können wir für jedes $k \in \{1, 2, \ldots, n+1\}$ eine Nummerierung der Elemente von M_{n+1} durch

$$f_{n+1,k} : \{1, 2, \ldots, n+1\} \to M_{n+1}, \quad i \mapsto \begin{cases} f_n(i) & \text{für } i < k \\ a_{n+1} & \text{für } i = k \\ f_n(i-1) & \text{für } i > k \end{cases}$$

finden. Es gilt für $f_n, g_n \in I_n$ und $k, l \in \{1, 2, \ldots, n+1\}$:

$$f_{n+1,k} = g_{n+1,l} \quad \Longleftrightarrow \quad f_n = g_n \text{ und } k = l.$$

Umgekehrt ist jede Nummerierung der Elemente von M_{n+1} durch genau ein $f_n \in I_n$ und genau ein $k \in \{1, 2, \ldots, n+1\}$ auf diese Art gegeben. Für die Anzahl der möglichen Nummerierungen $|I_{n+1}|$ der Menge M_{n+1} erhalten wir somit nach dem Multiplikationsprinzip die rekursive Formel:

$$|I_{n+1}| = |I_n \times \{1, 2, \ldots, n+1\}| = (n+1) \cdot |I_n|.$$

Aus $|I_1| = 1$ folgt:

$$|I_n| = \prod_{i=1}^{n} i \ =: \ n! \quad (0! := 1).$$

Ein Tupel (M_n, f_n) bestehend aus einer Menge mit n Elementen und einer Nummerierung $f_n \in I_n$ dieser Elemente wird als **geordnete Menge** bezeichnet.

Nun untersuchen wir eine Multimenge $A^{()}$ mit $r > 0$ verschiedenen Elementen $a_1, \ldots, a_r$ und mit

$$\left| A^{()} \right| = n = k_1 + \ldots + k_r$$

Elementen, wobei die natürliche Zahl k_i die Häufigkeit von a_i in $A^{()}$ angibt. Sei nun

$$f_n : \{1, \ldots, n\} \to A^{()}$$

eine Nummerierung von $A^{()}$; wir nehmen an, dass es N verschiedene Nummerierungen von $A^{()}$ gibt. Ersetzt man das Element a_1, das mit Häufigkeit k_1 in $A^{()}$ vorkommt, durch k_1 unterscheidbare Elemente, die noch nicht in $A^{()}$ enthalten sind (mit dem Ergebnis $B^{()}$ bestehend aus $r - 1 + k_1$ verschiedenen Elementen), so gibt es $k_1!$ Nummerierungen von $B^{()}$ derart, dass die Nummern für die Elemente $a_2, \ldots, a_r$ gegeben durch f_n nicht verändert werden. Somit gibt es $N \cdot k_1!$ Nummerierungen für $B^{()}$. Wiederholt man diese Vorgehensweise bis man eine Menge mit n Elementen erhält, so folgt:

$$N \cdot k_1! \cdot \ldots \cdot k_r! = n! \quad \text{bzw.} \quad N = \frac{n!}{k_1! \cdot \ldots \cdot k_r!}.$$

Beispiel 1.1

Die Multimenge

$$A^{()} = \langle w, w, w, s, s, b, w, s, b \rangle$$

kann auf

$$\frac{9!}{4! \cdot 3! \cdot 2!} = 1260$$

unterschiedliche Arten nummeriert werden. $\triangleleft$

Teilmengen

2

Ausgehend von einer Menge M_n mit $n \in \mathbb{N}_0$ Elementen betrachten wir im Folgenden die Frage, wie viele unterschiedliche Teilmengen mit k Elementen ($0 \leq k \leq n$) daraus gebildet werden können. Diese Zahl wird durch $\binom{n}{k}$ notiert und als **Binomialkoeffizient** bezeichnet. Offensichtlich gilt

$$\binom{n}{n} = 1 \quad \text{und} \quad \binom{n}{0} = 1 \quad \text{für alle} \quad n \in \mathbb{N}_0.$$

Daher nehmen wir an, dass $n > 1$ und $n > k > 0$. Ein fest gewähltes Element $a \in M_n$ kann in einer Teilmenge vorkommen oder nicht; deshalb gilt mit:

$$T := \big\{ A; \ A \text{ ist Teilmenge von } M_n \big\}$$
$$T_1 := \big\{ A; \ A \text{ ist Teilmenge von } M_n \text{ und } a \in A \big\}$$
$$T_2 := \big\{ A; \ A \text{ ist Teilmenge von } M_n \text{ und } a \notin A \big\},$$

dass

$$T = T_1 \cup T_2 \quad \text{und} \quad T_1 \cap T_2 = \emptyset.$$

Aus dem Additionsprinzip folgt somit:

$$\underbrace{\binom{n}{k}}_{|T|} = \underbrace{\binom{n-1}{k-1}}_{|T_1|} + \underbrace{\binom{n-1}{k}}_{|T_2|} \quad \text{für} \quad n > 1 \text{ und } n > k > 0.$$

Aus dieser Rekursion ergibt sich das Pascalsche Dreieck (siehe Tab. 2.1).

© Springer Fachmedien Wiesbaden GmbH, ein Teil von Springer Nature 2019
S. Schäffler, *Die Kunst des Zählens*, essentials,
https://doi.org/10.1007/978-3-658-24696-9_2

Tab. 2.1 Das Pascalsche Dreieck

n	k										
	0	1	2	3	4	5	6	7	8	9	10
0	1										
1	1	1									
2	1	2	1								
3	1	3	3	1							
4	1	4	6	4	1						
5	1	5	10	10	5	1					
6	1	6	15	20	15	6	1				
7	1	7	21	35	35	21	7	1			
8	1	8	28	56	70	56	28	8	1		
9	1	9	36	84	126	126	84	36	9	1	
10	1	10	45	120	210	252	210	120	45	10	1

Eine explizite Formel für die Binomialkoeffizienten folgt aus dem binomischen Lehrsatz, für dessen Beweis durch vollständige Induktion nur die rekursive Darstellung der Binomialkoeffizienten verwendet wird:

$$(x + y)^n = \sum_{k=0}^{n} \binom{n}{k} x^k y^{n-k} \quad \text{für alle} \quad x, y \in \mathbb{R}, \quad n \in \mathbb{N}_0,$$

(diese Gleichung liefert auch die Begründung für die Bezeichnung *Binomialkoeffizient*). Wählt man nun $y = 1$, so erhalten wir:

$$F : \mathbb{R} \to \mathbb{R}, \quad x \mapsto (x + 1)^n = \sum_{k=0}^{n} \binom{n}{k} x^k = \sum_{k=0}^{n} \frac{\binom{n}{k} \cdot k!}{k!} x^k = \sum_{k=0}^{n} \frac{F^{(k)}(0)}{k!} x^k$$

unter der Verwendung von $F^{(k)}$ für die k-te Ableitung einer Funktion F $\left(F^{(0)} = F \right)$. Es folgt:

$$F^{(k)}(0) = \prod_{i=0}^{k-1} (n - i) = \binom{n}{k} \cdot k!, \quad 1 \leq k \leq n,$$

und somit

$$\binom{n}{k} = \frac{n!}{(n-k)!\,k!}, \quad n \in \mathbb{N}_0, \quad 0 \le k \le n.$$

Die Funktion F wird als **erzeugende Funktion** für die Binomialkoeffizienten bezeichnet.

Betrachten wir nun eine spezielle Interpretation dieses Ergebnisses, dass zu einer wichtigen Vorgehensweise in der Kombinatorik führt. Jedem Element der Menge M_n ordnen wir das Polynom $(x + 1)$ zu. Die Menge M_n wird repräsentiert durch das Produkt

$$(x + 1)^n = (x + 1) \cdot \ldots \cdot (x + 1) = \sum_{k=0}^{n} a_k x^k.$$

Der Koeffizient a_k von x^k ergibt sich aus dem Produkt

$$(x + 1) \cdot \ldots \cdot (x + 1) = (1 + x)^n$$

durch die Anzahl der Möglichkeiten, bei genau k Faktoren x zu wählen und bei $n - k$ Faktoren die Eins. Nehmen wir nun an, dass wir die Menge M_n geordnet haben und dass der i-te Faktor des obigen Produkts das i-te Element repräsentiert und nehmen wir an, dass die Wahl Eins für den i-ten Faktor bedeutet, dass das i-te Element nicht zu einer Teilmenge gehört, die Wahl x bedeutet, dass das i-te Element zu einer Teilmenge gehört, dann gibt a_k die Anzahl aller Teilmengen mit k Elementen an. Ist zum Beispiel

$$M_n = \{a_1, a_2, a_3, a_4, a_5\},$$

So repräsentiert das Produkt

$$1 \cdot x \cdot x \cdot 1 \cdot x \quad \text{die Teilmenge} \quad \{a_2, a_3, a_5\}.$$

Der binomische Lehrsatz liefert

$$a_k = \binom{n}{k}, \quad n, k \in \mathbb{N}_0, \quad n \ge k.$$

Insgesamt gibt es

$$2^n = (1 + 1)^n = \sum_{k=0}^{n} \binom{n}{k}$$

verschiedene Teilmengen einer Menge mit n Elementen.

Beispiel 2.1

Es gibt genau

$$\binom{49}{6} = 13.983.816$$

verschiedene Möglichkeiten, einen Lottoschein *6 aus 49* auszufüllen.　　　◁

Untersuchen wir nun die Menge aller geordneten Teilmengen der Menge M_n, so gibt es zu jeder Teilmenge von M_n mit k Elementen noch $k!$ Möglichkeiten, diese Teilmenge zu ordnen (also die Elemente zu nummerieren); somit gibt es

$$\frac{n!}{(n-k)!} = |\{A;\ A \text{ ist Teilmenge von } M_n\} \times I_k| = \binom{n}{k} \cdot k!$$

geordnete Teilmengen von M_n mit k Elementen. Dies entspricht dem Koeffizienten von $\frac{x^k}{k!}$ in der Summe

$$\sum_{k=0}^{n} a_k x^k = \sum_{k=0}^{n} \binom{n}{k} x^k = \sum_{k=0}^{n} \frac{n!}{(n-k)!} \frac{x^k}{k!}.$$

Beispiel 2.2

Es gibt genau

$$\frac{26!}{21!} = 26 \cdot 25 \cdot 24 \cdot 23 \cdot 22 = 789.600$$

verschiedene Möglichkeiten, aus der Menge $\{a, b, c, d, \ldots, x, y, z\}$ Wörter mit fünf verschiedenen Buchstaben zu bilden.　　　◁

Im Folgenden zählen wir Multimengen $T_k^{()}$, die aus k Elementen einer Menge M_n mit n Elementen bestehen, wobei jedes Element von M_n beliebig oft in $T_k^{()}$ vorkommen darf. Entscheidend ist jetzt, diese Multimengen so darzustellen, dass man sie zählen kann. Zu diesem Zweck ordnen wir die Menge M_n durch eine bijektive Abbildung

$$f_n : \{1, 2, \ldots, n\} \to M_n.$$

Eine Multimenge $T_k^{()}$ kann man nun durch eine Folge aus $\{0, 1\}^{n+k-1}$ darstellen, wobei $\# f_n(i)$ anzeigt, wie oft das Element $f_n(i)$ in der Multimenge $T_k^{()}$ vorkommt:

$$\underbrace{\underbrace{0\ldots0}_{\#f_n(1)}1\underbrace{0\ldots0}_{\#f_n(2)}1\ldots1\underbrace{0\ldots0}_{\#f_n(n)}}_{n+k-1}.$$

Die Eins fungiert dabei als Trennzeichen. Man wählt also aus $(n + k - 1)$ Stellen k Stellen aus, an denen eine Null platziert wird $\left(T_k^{\langle\rangle} \text{ hat ja } k \text{ Elemente}\right)$. Dies entspricht genau einer Multimenge $T_k^{\langle\rangle}$ und umgekehrt. Somit gibt es

$$\binom{n + k - 1}{k}$$

Multimengen $T_k^{\langle\rangle}$.

Beispiel 2.3

Untersucht man eine Gleichung

$$\sum_{i=1}^{n} z_i = k \quad \text{mit} \quad z_1, \ldots, z_n \in \mathbb{N}_0 \quad \text{und} \quad k \in \mathbb{N}_0, \ n \in \mathbb{N},$$

mit den Unbekannten $z_1, \ldots, z_n$, so stellt sich die Frage, wie viele verschiedene Lösungen es für feste k, n gibt. Jeder Variablen z_i ordnen wir das Polynom

$$\sum_{i=0}^{k} x^i$$

zu. Die Potenz x^j steht für die Wahl $z_i = j$. Nun verwenden wir das Polynom

$$\left(\sum_{i=0}^{k} x^i\right)^n = \sum_{j=0}^{kn} a_j x^j.$$

Interessant ist jetzt der Koeffizient a_k, der genau die Anzahl der verschiedenen Lösungen unserer Gleichung darstellt, da er die Summe aller Möglichkeiten angibt, in jedem der n Faktoren von

$$\left(\sum_{i=0}^{k} x^i\right) \cdot \ldots \cdot \left(\sum_{i=0}^{k} x^i\right) = \left(\sum_{i=0}^{k} x^i\right)^n$$

eine Potenz von x so zu wählen, dass die Summe der Exponenten gleich k ist. Damit haben wir das Problem vorerst nur umformuliert. Wichtig ist nun, dass sich der Koeffizient a_k von x^k in der Summe

$$\sum_{j=0}^{kn} a_j x^j$$

nicht ändert, wenn wir vom Polynom $\sum_{i=0}^{k} x^i$ zur Potenzreihe $\sum_{i=0}^{\infty} x^i$ übergehen. Es ergibt sich:

$$G : (-1, 1) \to \mathbb{R}, \quad x \mapsto \sum_{i=0}^{\infty} x^i = \frac{1}{1-x} \quad \text{(geometrische Reihe)}.$$

Die Tatsache, dass sich beim Übergang von $\sum_{i=0}^{k} x^i$ zu $\sum_{i=0}^{\infty} x^i$ die Definitionsmenge ändert, spielt in der Kombinatorik keine Rolle, da wir immer nur an den Koeffizienten interessiert sind. Daher arbeitet man in der Kombinatorik üblicherweise mit **formalen Potenzreihen.** Wir erhalten nun

$$F : (-1, 1) \to \mathbb{R}, \quad x \mapsto \left(\sum_{i=0}^{\infty} x^i\right)^n = \sum_{j=0}^{\infty} b_j x^j = \frac{1}{(1-x)^n} = \sum_{j=0}^{\infty} \frac{F^{(j)}(0)}{j!} x^j.$$

Da $a_k = b_k$, folgt

$$a_k = \frac{F^{(k)}(0)}{k!} = \frac{\left(\frac{1}{(1-x)^n}\right)^{(k)}(0)}{k!} = \binom{n+k-1}{k}.$$

Betrachten wir die Gleichung

$$z_1 + z_2 + z_3 + z_4 + z_5 = 3,$$

so gibt es

$$\binom{5 + 3 - 1}{3} = 35$$

verschiedene Lösungen (5 Lösungen, bei denen genau vier Variable gleich Null sind, 20 Lösungen, bei denen genau drei Variable gleich Null sind und 10 Lösungen, bei denen genau zwei Variable gleich Null sind). ◁

Berücksichtigt man bei den $\binom{n+k-1}{k}$ möglichen Multimengen noch die Reihenfolge – betrachtet man also geordnete Multimengen – so ergeben sich insgesamt

$$\left| (M_n)^k \right| = n^k$$

Möglichkeiten. Dieses Ergebnis kann man auch auf folgende Art erhalten: Jedem Element der Menge M_n ordnen wir das Polynom

$$\sum_{i=0}^{k} \frac{x^i}{i!}$$

zu. Die Menge M_n wird repräsentiert durch das Produkt

$$\left(\sum_{i=0}^{k} \frac{x^i}{i!} \right)^n = \sum_{m=0}^{nk} a_m \frac{x^m}{m!}.$$

Nehmen wir nun an, dass wir die Menge M_n geordnet haben und dass der j-te Faktor des obigen Produkts das j-te Element repräsentiert und nehmen wir an, dass die Wahl Eins für den j-ten Faktor bedeutet, dass das j-te Element nicht zu einer geordneten Multimenge gehört, die Wahl $\frac{x^i}{i!}$ bedeutet, dass das j-te Element in der Multimenge i-mal enthalten ist, wobei der Nenner $i!$ zum Ausdruck bringt, dass die mehrfache Auswahl eines Elements für eine geordnete Multimenge nicht so gezählt werden darf, als wären die Elemente verschieden, dann gibt a_k die Anzahl aller geordneten Multimengen mit k Elementen an. Geht man wieder zu Potenzreihen über, so ergibt sich:

$$\left(\sum_{i=0}^{\infty} \frac{x^i}{i!} \right)^n = e^{nx} = \sum_{m=0}^{\infty} n^m \frac{x^m}{m!}.$$

Diese Vorgehensweise hat den großen Vorteil, dass man nun auch Nebenbedingungen behandeln kann. Sei zum Beispiel $k > n$ und soll jedes Element von M_n mindestens einmal in der geordneten Multimenge vorkommen, so hat man

$$\left(\sum_{i=1}^{k} \frac{x^i}{i!}\right)^n \quad \text{statt} \quad \left(\sum_{i=0}^{k} \frac{x^i}{i!}\right)^n$$

zu verwenden und benötigt den Koeffizienten a_k von $\frac{x^k}{k!}$ in:

$$\left(\sum_{i=1}^{\infty} \frac{x^i}{i!}\right)^n = (e^x - 1)^n = \sum_{m=0}^{n} \binom{n}{m} e^{mx} (-1)^{n-m}$$

$$= \sum_{m=0}^{n} \binom{n}{m} (-1)^{n-m} \sum_{l=0}^{\infty} \frac{m^l x^l}{l!} = \sum_{l=0}^{\infty} \underbrace{\sum_{m=0}^{n} \binom{n}{m} (-1)^{n-m} m^l}_{= a_l} \frac{x^l}{l!}.$$

Soll zum Beispiel das dritte Element von M_n mindestens einmal und höchstens viermal in der geordneten Multimenge vorkommen, so verwendet man als dritten Faktor in

$$\left(\sum_{i=0}^{\infty} \frac{x^i}{i!}\right)^n$$

statt

$$\sum_{i=0}^{\infty} \frac{x^i}{i!} \quad \text{das Polynom} \quad x + \frac{x^2}{2!} + \frac{x^3}{3!} + \frac{x^4}{4!}.$$

Beispiel 2.4

Fragt man nach der Anzahl verschiedener fünfstelliger Zahlen gebildet aus den Ziffern $\{1, 2, 3, 4\}$, wobei die Ziffer 1 höchstens dreimal, die Ziffern 2 und 3 höchstens zweimal und die Ziffer 4 höchstens einmal vorkommen darf, so haben wir das Produkt

$$\left(1 + x + \frac{x^2}{2!} + \frac{x^3}{3!}\right) \left(1 + x + \frac{x^2}{2!}\right)^2 (1 + x)$$

zu betrachten. Der Koeffizient von $\frac{x^5}{5!}$ (fünfstellige Zahlen) für dieses Produkt ist gegeben durch:

$$\frac{11}{3} x^5 = 440 \frac{x^5}{5!}$$

Es gibt also 440 verschiedene Möglichkeiten. Wählt man zum Beispiel zweimal 1, zweimal 3 und einmal 4, so ergibt sich:

$$\frac{x^2}{2!} \cdot \frac{x^0}{0!} \cdot \frac{x^2}{2!} \cdot \frac{x}{1!} = \frac{5!}{2!\,2!\,0!\,1!} \cdot \frac{x^5}{5!} = 30\frac{x^5}{5!}.$$

Der Faktor $\frac{5!}{2!\,2!\,0!\,1!}$ entspricht gerade der Anzahl möglicher Nummerierungen der Multimenge $\langle 1, 1, 3, 3, 4 \rangle$. $\triangleleft$

Jetzt fragen wir, wie viele Partitionen bestehend aus k Mengen es für eine Menge M_n mit n Elementen gibt. Diese Anzahl ist durch die **Stirlingzahl zweiter Art**

$$S(n, k) = \left\{ {n \atop k} \right\}, \quad n, k \in \mathbb{N}_0, \quad n \geq k$$

gegeben. Wir wissen bereits aus dem ersten Kapitel, dass

$$\left\{ {3 \atop 1} \right\} = 1, \quad \left\{ {3 \atop 2} \right\} = 3 \quad \text{und} \quad \left\{ {3 \atop 3} \right\} = 1.$$

Ferner legen wir fest:

$$\left\{ {0 \atop 0} \right\} := 1 \quad \text{und} \quad \left\{ {n \atop 0} \right\} := 0 \quad \text{für alle} \quad n \geq 1.$$

Nehmen wir nun an, dass wir eine Partition von M_n bestehend aus k Teilmengen gebildet haben und erweitern wir die Mengen M_n um ein neues Element a_{n+1} zur Menge M_{n+1}, so haben wir k Möglichkeiten, dieses neue Element einem der k Teilmengen, die eine Partition von M_n bilden, hinzuzufügen und erhalten somit nach dem Multiplikationsprinzip

$$k \left\{ {n \atop k} \right\}$$

Partitionen von M_{n+1} bestehend aus k Teilmengen. Jetzt fehlen noch die Partitionen von M_{n+1} mit k Teilmengen, bei denen eine Teilmenge durch $\{a_{n+1}\}$ gegeben ist. Dafür gibt es $\left\{ {n \atop k-1} \right\}$ Möglichkeiten. Somit ergibt sich nach dem Additionsprinzip die Rekursion:

$$\left\{ {n+1 \atop k} \right\} = k \left\{ {n \atop k} \right\} + \left\{ {n \atop k-1} \right\}, \quad n \geq k > 0,$$

mit

$$\left\{ {0 \atop 0} \right\} := 1 \quad \text{und} \quad \left\{ {n \atop 0} \right\} := 0 \quad \text{für alle} \quad n \geq 1.$$

Aus dieser Rekursion ergibt sich ein Dreieck für die Stirlingzahlen zweiter Art (siehe Tab. 2.2). Um nun zu einer nichtrekursiven Darstellung der Stirlingzahlen zweiter Art zu kommen, untersuchen wir auf zwei verschiedene Arten, wie viele verschiedene surjektive Abbildungen

$$s : M_n \to \{1, 2, \ldots, m\}, \quad n \geq m,$$

es gibt. Geht man wieder von einer Nummerierung

$$f_n : \{1, \ldots, n\} \to M_n$$

der Elemente von M_n aus, so kann man jede surjektive Abbildung s eindeutig dadurch darstellen, dass man in einer geordneten Multimenge

$$\left\langle s\big(f_n(1)\big), \ldots, s\big(f_n(n)\big) \right\rangle$$

Tab. 2.2 Stirlingzahlen zweiter Art

n	k									
	0	1	2	3	4	5	6	7	8	9
0	1									
1	0	1								
2	0	1	1							
3	0	1	3	1						
4	0	1	7	6	1					
5	0	1	15	25	10	1				
6	0	1	31	90	65	15	1			
7	0	1	63	301	350	140	21	1		
8	0	1	127	966	1701	1050	266	28	1	
9	0	1	255	3025	7770	6951	2646	462	36	1

die Funktionswerte von $f_n(1), \ldots, f_n(n)$ angibt. Fordert man für die Multimengen dieser Art, dass jedes Element aus $\{1, \ldots, m\}$ mindestens einmal in der Multimenge vorkommt (da s surjektiv sein soll), so kann man solch einer Multimenge wiederum eindeutig eine surjektive Abbildung zuordnen. Somit gibt es

$$\sum_{k=0}^{m} \binom{m}{k} (-1)^{m-k} k^n$$

surjektive Abbildungen

$$s : M_n \to \{1, 2, \ldots, m\}, \quad n \geq m.$$

Jede surjektive Abbildung s impliziert eine nummerierte Partition

$$\left\{ s^{-1}(\{1\}), \ldots, s^{-1}(\{m\}) \right\}$$

von M_n bestehend aus m Mengen und umgekehrt. Somit gibt es

$$m! \begin{Bmatrix} n \\ m \end{Bmatrix}$$

surjektive Abbildungen s und damit folgt

$$S(n, m) = \begin{Bmatrix} n \\ m \end{Bmatrix} = \frac{1}{m!} \sum_{k=0}^{m} \binom{m}{k} (-1)^{m-k} k^n.$$

Eine erzeugende Funktion für die Stirlingzahlen zweiter Art ergibt sich somit zu

$$
\begin{aligned}
F_m : \mathbb{R} \to \mathbb{R}, \quad x \mapsto & \sum_{n=0}^{\infty} \begin{Bmatrix} n \\ m \end{Bmatrix} \frac{x^n}{n!} = \frac{1}{m!} \sum_{n=0}^{\infty} \sum_{k=0}^{m} \binom{m}{k} (-1)^{m-k} k^n \frac{x^n}{n!} \\
= & \frac{1}{m!} \sum_{k=0}^{m} \binom{m}{k} (-1)^{m-k} \sum_{n=0}^{\infty} \frac{(xk)^n}{n!} \\
= & \frac{1}{m!} \sum_{k=0}^{m} \binom{m}{k} (-1)^{m-k} \left(e^x \right)^k = \frac{(e^x - 1)^m}{m!}.
\end{aligned}
$$

Beispiel 2.5

Für eine Menge mit fünf Elementen gibt es

$$F_2^{(5)}(0) = 15$$

Partitionen bestehend aus jeweils genau zwei Teilmengen.   ◁

Zählen wir die Menge aller möglichen Partitionen einer Menge mit n Elementen, so erhalten wir die **Bellzahlen** $B(n)$:

$$B(n) = \sum_{m=0}^{n} \frac{1}{m!} \sum_{k=0}^{m} \binom{m}{k} (-1)^{m-k} k^n.$$

Eine erzeugende Funktion für die Bellzahlen ergibt sich unter Verwendung von

$$\left\{ {n \atop m} \right\} := 0 \quad \text{für alle} \quad m > n$$

zu

$$G : \mathbb{R} \to \mathbb{R}, \quad x \mapsto \sum_{n=0}^{\infty} B(n) \frac{x^n}{n!} = \sum_{n=0}^{\infty} \left(\sum_{m=0}^{n} \left\{ {n \atop m} \right\} \right) \frac{x^n}{n!}$$

$$= \sum_{n=0}^{\infty} \left(\sum_{m=0}^{\infty} \left\{ {n \atop m} \right\} \right) \frac{x^n}{n!} = \sum_{m=0}^{\infty} \sum_{n=0}^{\infty} \left\{ {n \atop m} \right\} \frac{x^n}{n!}$$

$$= \sum_{m=0}^{\infty} \frac{(e^x - 1)^m}{m!} = e^{(e^x - 1)}.$$

Es gilt:

$$B(0) = G(0) = e^{e^0 - 1} = 1$$

$$B(1) = G^{(1)}(0) = e^{e^0 - 1} e^0 = 1$$

$$B(2) = G^{(2)}(0) = e^{e^0 - 1} \left(e^{2\cdot 0} + e^0 \right) = 2$$

$$B(3) = G^{(3)}(0) = e^{e^0 - 1} \left(e^{3\cdot 0} + 3e^{2\cdot 0} + e^0 \right) = 5$$

$$B(4) = G^{(4)}(0) = e^{e^0 - 1} \left(e^{4\cdot 0} + 6e^{3\cdot 0} + 7e^{2\cdot 0} + e^0 \right) = 15$$

$$B(5) = G^{(4)}(0) = e^{e^0 - 1} \left(e^{5\cdot 0} + 10e^{4\cdot 0} + 25e^{3\cdot 0} + 15e^{2\cdot 0} + e^0 \right) = 52.$$

usw.

Summen 3

In der Kombinatorik ist es häufig nötig, Summen mit sehr vielen Summanden zu berechnen. In diesem Kapitel soll eine Vorgehensweise (ohne mathematische Strenge) vorgestellt werden, den Wert von Summen abzuschätzen. Seien dazu $a \in \mathbb{R}$, $0 < h \leq 1$ und $N \in \mathbb{N}$ fest gewählt. Mit

$$\mathbb{D} := \{f; \ f : [a, a + (N + 1)h] \to \mathbb{R}\}$$

betrachten wir den surjektiven linearen Operator

$$\Delta : \mathbb{D} \to \Delta(\mathbb{D}), \quad f \mapsto g$$
$$\text{mit } g(x) = f(x + h) - f(x) \quad \text{für alle} \quad x \in [a, a + Nh].$$

Dieser Operator ist nicht injektiv, da Funktionen, die sich nur durch eine Konstante unterscheiden, auf die gleiche Funktion g abgebildet werden. Dies ist bei der „Umkehrung" zu berücksichtigen.

$$\Delta^{-1} : \Delta(\mathbb{D}) \to \mathbb{D}, \quad g \mapsto f$$
$$\text{mit } g(x) = f(x + h) - f(x) \quad \text{für alle} \quad x \in [a, a + Nh]$$
$$\text{und } f(a) = 0.$$

Es gilt:

$$\Delta^{-1}(g)(a + h) - \Delta^{-1}(g)(a) = f(a + h) - f(a) = g(a)$$

© Springer Fachmedien Wiesbaden GmbH, ein Teil von Springer Nature 2019
S. Schäffler, *Die Kunst des Zählens*, essentials,
https://doi.org/10.1007/978-3-658-24696-9_3

und mit vollständiger Induktion:

$$\Delta^{-1}(g)(a + Nh) - \Delta^{-1}(g)(a) = \sum_{k=0}^{N-1} g(a + kh).$$

Sei nun $\mathbb{D}^\infty$ die Menge aller Funktionen $f : [a, a + (N + 1)h] \to \mathbb{R}$ mit

$$f(x + h) = \sum_{m=0}^{\infty} \frac{f^{(m)}(x)}{m!} h^m = \sum_{m=0}^{\infty} \frac{(hD)^m}{m!}(f)(x) =: e^{hD}(f)(x)$$

für jedes $x \in [a, a + Nh]$, wobei D den Differenzialoperator bezeichnet, so ergibt sich für den Operator Δ angewendet auf $\mathbb{D}^\infty$:

$$\Delta : \mathbb{D}^\infty \to \Delta\left(\mathbb{D}^\infty\right)$$

$$f \mapsto \left(e^{hD} - I\right)(f) \quad (I \text{ repräsentiert die Identität}).$$

Aus dieser Darstellung versuchen wir nun, eine Reihendarstellung für

$$\Delta^{-1} : \Delta\left(\mathbb{D}^\infty\right) \to \mathbb{D}^\infty$$

zu finden. Zu diesem Zweck schreiben wir die Funktion

$$q : \mathbb{R} \to \mathbb{R}, \quad \begin{cases} \frac{x}{e^x - 1} & \text{für } x \neq 0 \\ 1 & \text{für } x = 0 \end{cases}$$

in der Form

$$q(x) = \sum_{m=0}^{\infty} \frac{B_m x^m}{m!}.$$

Daraus ergeben sich die **Bernoullizahlen** B_i, $i \in \mathbb{N}_0$, mit

$$B_0 = 1, \; B_1 = -\frac{1}{2}, \; B_2 = \frac{1}{6} \ldots \quad \text{wobei} \quad B_{2k+1} = 0 \quad \text{für alle} \quad k \in \mathbb{N}.$$

Identifiziert man mit D^{-1} den Integraloperator, so folgt:

$$\Delta^{-1} = \frac{1}{h} D^{-1} + \sum_{m=1}^{\infty} \frac{B_m (hD)^{m-1}}{m!}$$

und schließlich die **Euler-Maclaurinsche Summenformel:**

$$\Delta^{-1}(g)(a + Nh) - \Delta^{-1}(g)(a) = \sum_{m=0}^{N-1} g(a + mh)$$

$$= \frac{1}{h} \int_{a}^{a+Nh} g(x)dx + \sum_{m=1}^{\infty} \frac{B_m h^{m-1}}{m!} \left(g^{(m-1)}(a + Nh) - g^{(m-1)}(a) \right).$$

Beispiel 3.1

Sucht man eine Approximation für

$$\ln\left(\frac{n!}{2^n}\right) = \sum_{k=0}^{n-1} \ln\left(\frac{1}{2} + k\frac{1}{2}\right), \quad n \in \mathbb{N},$$

so ergibt sich mit $a = h = \frac{1}{2}$, $N = n$ und $m = 1, 2$:

$$\ln\left(\frac{n!}{2^n}\right) \approx 2 \int_{\frac{1}{2}}^{\frac{1}{2}+n\frac{1}{2}} \ln(x)dx$$

$$- \frac{1}{2}\left(\ln\left(\frac{1}{2} + n\frac{1}{2}\right) - \ln\left(\frac{1}{2}\right) \right)$$

$$+ \frac{1}{6} \cdot \frac{1}{2!} \cdot \frac{1}{2}\left(\frac{1}{\frac{1}{2} + n\frac{1}{2}} - \frac{1}{\frac{1}{2}} \right).$$

Für $n = 10^6$ erhalten wir auf 12 Stellen genau:

$$\ln\left(\frac{10^6!}{2^{(10^6)}}\right) = 12122371{,}2041$$

$$2\int_{\frac{1}{2}}^{\frac{1}{2}+10^6\cdot\frac{1}{2}} \ln(x)\,dx = 12122378{,}1929$$

$$2\int_{\frac{1}{2}}^{\frac{1}{2}+10^6\cdot\frac{1}{2}} \ln(x)\,dx - \frac{1}{2}\left(\ln\left(\frac{1}{2}+10^6\cdot\frac{1}{2}\right) - \ln\left(\frac{1}{2}\right)\right) = 12122371{,}4584$$

$$2\int_{\frac{1}{2}}^{\frac{1}{2}+10^6\cdot\frac{1}{2}} \ln(x)\,dx - \frac{1}{2}\left(\ln\left(\frac{1}{2}+10^6\cdot\frac{1}{2}\right) - \ln\left(\frac{1}{2}\right)\right)$$

$$+ \frac{1}{6}\cdot\frac{1}{2!}\cdot\frac{1}{2}\left(\frac{1}{\frac{1}{2}+10^6\cdot\frac{1}{2}} - \frac{1}{\frac{1}{2}}\right) = 12122371{,}3751$$

$\triangleleft$

Die Euler-Maclaurinsche Summenformel ist auch als Verfahren zur numerischen Quadratur bekannt:

$$\int_{a}^{a+Nh} g(x)\,dx = h\sum_{m=0}^{N-1} g(a+mh) + \frac{h}{2}g(a+Nh) - \frac{h}{2}g(a)$$

$$- \sum_{m=2}^{\infty} \frac{B_m h^m}{m!}\left(g^{(m-1)}(a+Nh) - g^{(m-1)}(a)\right)$$

$$= \underbrace{\frac{h}{2}g(a) + h\sum_{m=1}^{N-1} g(a+mh) + \frac{h}{2}g(a+Nh)}_{\text{Trapezregel}}$$

$$- \sum_{m=2}^{\infty} \frac{B_m h^m}{m!}\left(g^{(m-1)}(a+Nh) - g^{(m-1)}(a)\right).$$

Muster 4

In diesem Kapitel beschäftigen wir uns mit der Frage, wie man die Anzahl verschiedener **Muster** zählen kann; ein Muster wird dabei durch eine Menge von Konfigurationen repräsentiert, die durch Anwendung spezieller Abbildungen (sogenannte **Symmetrien**) in einander überführt werden können. Die Basis für die Zählung von Mustern bilden die bereits vorgestellten Permutationen, also für jedes $n \in \mathbb{N}$ die Menge

$$\mathcal{S}_n := \{\pi_n : \{1, 2, \ldots, n\} \to \{1, 2, \ldots, n\}; \ \pi_n \text{ ist bijektiv}\},$$

die als **symmetrische Gruppe** bezeichnet wird. Permutationen werden häufig durch

$$\begin{pmatrix} 1 & 2 & \ldots & n \\ \pi_n(1) & \pi_n(2) & \ldots & \pi_n(n) \end{pmatrix}$$

dargestellt.

Für $m \in \mathbb{N}$ legen wir fest:

$$\pi_n^m := \pi_n^{m-1} \circ \pi_n : \{1, 2, \ldots, n\} \to \{1, 2, \ldots, n\}, \quad i \mapsto \pi_n^{m-1}(\pi_n(i)),$$

wobei

$$\pi_n^0 : \{1, 2, \ldots, n\} \to \{1, 2, \ldots, n\}, \quad i \mapsto i.$$

Es gilt:

$$\pi_n^m \in \mathcal{S}_n \quad \text{für alle} \quad m \in \mathbb{N}_0.$$

Die Hintereinanderausführung $\circ$ von Permutationen gehorcht gewissen Gesetzmäßigkeiten:

© Springer Fachmedien Wiesbaden GmbH, ein Teil von Springer Nature 2019
S. Schäffler, *Die Kunst des Zählens,* essentials,
https://doi.org/10.1007/978-3-658-24696-9_4

G1: $(\pi_n \circ \varphi_n) \circ \psi_n = \pi_n \circ (\varphi_n \circ \psi_n)$ für alle $\pi_n, \varphi_n, \psi_n \in \mathcal{S}_n$ (Assoziativgesetz).

G2: Es gibt ein $v_n \in \mathcal{S}_n$ mit $\pi_n \circ v_n = v_n \circ \pi_n = \pi_n$ für alle $\pi_n \in \mathcal{S}_n$ (Existenz neutrales Element).

G3: Zu jedem $\pi_n \in \mathcal{S}_n$ gibt es ein $\pi_n^{-1} \in \mathcal{S}_n$ mit $\pi_n \circ \pi_n^{-1} = \pi_n^{-1} \circ \pi_n = v_n$ (Existenz inverses Element).

Das neutrale Element v_n ist gegeben durch

$$v_n : \{1, 2, \ldots, n\} \to \{1, 2, \ldots, n\}, \quad i \mapsto i.$$

Die Axiome G1–G3 werden als **Gruppenaxiome** bezeichnet und deshalb bezeichnet man $(\mathcal{S}_n, \circ)$ als **Gruppe.**

Gibt es zu einem gewählten π_n eine nichtleere Teilmenge $T \subseteq \{1, 2, \ldots, n\}$ mit

(i) $\pi_n(T) := \{\pi_n(t);\ t \in T\} = T$,

(ii) es existiert kein $V \subset T$ mit $\pi_n(V) = V$,

so wird T als **Zyklus** von π_n bezeichnet und $|T|$ heißt die **Länge** des Zyklus T. Ein Zyklus T wird mit $t \in T$ zum Beispiel durch

$$\left(t, \pi_n(t), \ldots, \pi_n^{|T|-1}(t) \right)$$

dargestellt. Die Permutation

$$\pi_9 = \begin{pmatrix} 1\ 2\ 3\ 4\ 5\ 6\ 7\ 8\ 9 \\ 5\ 8\ 3\ 1\ 9\ 7\ 6\ 2\ 4 \end{pmatrix}$$

besitzt die vier Zyklen

$$(1, 5, 9, 4),\ (2, 8),\ (3),\ (6, 7).$$

Zyklen der Länge Eins werden als **Fixpunkte** bezeichnet.

Die Anzahl der Permutationen $\pi_n \in \mathcal{S}_n$ mit genau k Zyklen ist durch die **Stirlingzahlen erster Art**

$$s(n, k) = \begin{bmatrix} n \\ k \end{bmatrix}, \quad n, k \in \mathbb{N},$$

gegeben. Ferner legen wir

$$\begin{bmatrix} 0 \\ 0 \end{bmatrix} := 1 \quad \text{und} \quad \begin{bmatrix} n \\ 0 \end{bmatrix} := 0 \quad \text{für alle} \quad n \in \mathbb{N}$$

fest. Hat man eine Permutation π_n, die aus genau $k-1$ Zyklen besteht, so gewinnt man durch Hinzunahme des Fixpunktes $(n+1)$ eine Permutation π_{n+1}, die aus genau k Zyklen besteht. Hat man eine Permutation π_n, die aus genau k Zyklen $T_1, \ldots, T_k$ besteht, so kann jeder Zyklus T_i auf $|T_i|$ verschiedene Arten zu einem Zyklus für eine Permutation π_{n+1} durch Einfügen der Zahl $n+1$ erweitert werden. Insgesamt gibt es also n solche Erweiterungen und wir erhalten die rekursive Formel:

$$\begin{bmatrix} n+1 \\ k \end{bmatrix} = \begin{bmatrix} n \\ k-1 \end{bmatrix} + n \begin{bmatrix} n \\ k \end{bmatrix}, \quad n \in \mathbb{N}_0, \quad k \in \mathbb{N}.$$

Aus dieser Rekursion ergibt sich wieder ein Dreieck für die Stirlingzahlen erster Art (siehe Tab. 4.1). Analog zum binomischen Lehrsatz beweist man durch vollständige Induktion:

$$\prod_{m=0}^{n-1}(x+m) = \sum_{k=0}^{n} \begin{bmatrix} n \\ k \end{bmatrix} x^k, \quad n \in \mathbb{N},$$

und erhält dadurch eine erzeugende Funktion für die Stirlingzahlen erster Art.

Die allgemeine Vorgehensweise zur Zählung verschiedener Muster ist in dem vorgegebenen Rahmen zwar nicht möglich, aber die Grundidee soll an einem

Tab. 4.1 Stirlingzahlen erster Art

n	k								
	0	1	2	3	4	5	6	7	8
0	1	0	0	0	0	0	0	0	0
1	0	1	0	0	0	0	0	0	0
2	0	1	1	0	0	0	0	0	0
3	0	2	3	1	0	0	0	0	0
4	0	6	11	6	1	0	0	0	0
5	0	24	50	35	10	1	0	0	0
6	0	120	274	225	85	15	1	0	0
7	0	720	1764	1624	735	175	21	1	0
8	0	5040	13068	13132	6769	1960	322	28	1
9	0	40320	109584	118124	67284	22449	4536	546	36

Beispiel verdeutlicht werden. Dazu wählen wir eine gerade Zahl $m \in \mathbb{N}$ und betrachten das direkte Produkt

$$Q_m := \{1, \ldots, m\} \times \{1, \ldots, m\}$$

mit m^2 Elementen. Anschaulich stellen wir uns dieses direkte Produkt als $m \times m$-Gitter vor (siehe Tab. 4.2).

Nun sollen genau zwei der m^2 Felder durch ein „•" (zum Beispiel durch ein Loch in einer Lochkarte) markiert werden. Die Frage lautet nun, wie viele verschiedene Muster dieser Art es gibt, wenn man Konfigurationen, die durch Drehungen oder Spiegelungen ineinander übergehen, als gleich ansieht (siehe Tab. 4.3 und 4.4). Um nun formal feststellen zu können, wann zwei Konfigurationen das gleiche Muster bilden, betrachten wir bijektive Abbildungen

$$f : Q_m \to Q_m,$$

also – nach Nummerierung der Elemente von Q_m – Permutationen aus der symmetrischen Gruppe $\mathcal{S}_{m^2}$.

Tab. 4.2 6×6-Gitter

11	12	13	14	15	16
21	22	23	24	25	26
31	32	33	34	35	36
41	42	43	44	45	46
51	52	53	54	55	56
61	62	63	64	65	66

Tab. 4.3 Zwei Konfigurationen, aber ein Muster

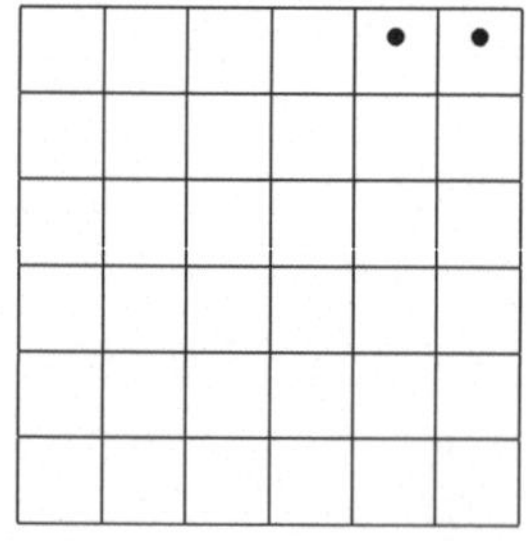 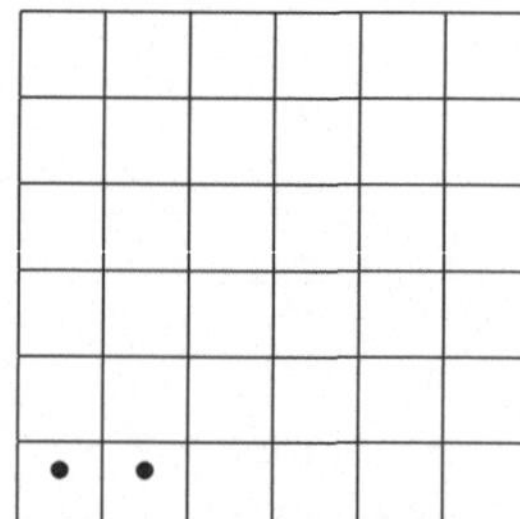

Tab. 4.4 Zwei Konfigurationen, zwei Muster

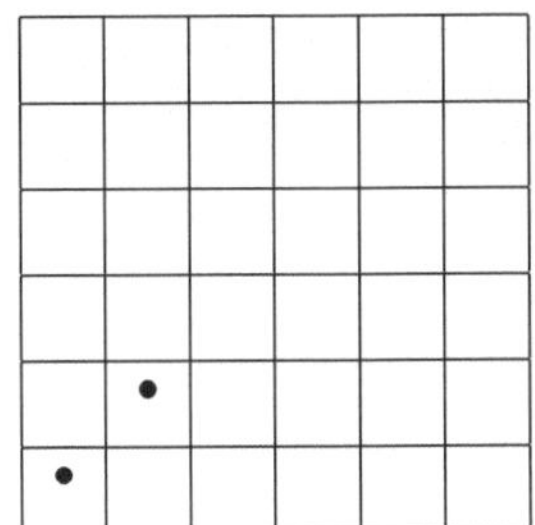

Tab. 4.5 Drehung um $\frac{\pi}{2}$

11	12	13	14	15	16
21	22	23	24	25	26
31	32	33	34	35	36
41	42	43	44	45	46
51	52	53	54	55	56
61	62	63	64	65	66

$$\xrightarrow{\;f_{\frac{\pi}{2}}\;}$$

16	26	36	46	56	66
15	25	25	45	55	65
14	24	34	44	54	64
13	23	33	43	53	63
12	22	32	42	52	62
11	21	31	41	51	61

Neben der Identität

$$f_0 : Q_m \to Q_m, \quad (i, j) \mapsto (i, j)$$

ist die Drehung des Gitters um $\frac{\pi}{2}$ gegen den Uhrzeigersinn interessant (siehe Tab. 4.5)

$$f_{\frac{\pi}{2}} : Q_m \to Q_m, \quad (i, j) \mapsto (m + 1 - j, i)$$

Eine Drehung um π ergibt sich durch die zweimalige Hintereinanderausführung von $f_{\frac{\pi}{2}}$ usw.:

$$f_\pi = f_{\frac{\pi}{2}} \circ f_{\frac{\pi}{2}} = f_{\frac{\pi}{2}}^2 \quad \text{und} \quad f_{\frac{3\pi}{2}} = f_{\frac{\pi}{2}} \circ f_{\frac{\pi}{2}} \circ f_{\frac{\pi}{2}} = f_{\frac{\pi}{2}}^3,$$

während

$$f_0 = f_{\frac{\pi}{2}}^4.$$

Tab. 4.6 Spiegelung an der Diagonalen 11 ... 66

11	12	13	14	15	16
21	22	23	24	25	26
31	32	33	34	35	36
41	42	43	44	45	46
51	52	53	54	55	56
61	62	63	64	65	66

$$\xrightarrow{f_{d_1}}$$

11	21	31	41	51	61
12	22	32	42	52	62
13	23	33	43	53	63
14	24	34	44	54	64
15	25	35	45	55	65
16	26	36	46	56	66

Tab. 4.7 Spiegelung an der Diagonalen 61 ... 16

11	12	13	14	15	16
21	22	23	24	25	26
31	32	33	34	35	36
41	42	43	44	45	46
51	52	53	54	55	56
61	62	63	64	65	66

$$\xrightarrow{f_{d_2}}$$

66	56	46	36	26	16
65	55	45	35	25	15
64	54	44	34	24	14
63	53	43	33	23	13
62	52	42	32	22	12
61	51	41	31	21	11

Nun betrachten wir die vier Spiegelungen an den beiden Diagonalen, an der Achse zwischen der $\frac{n}{2}$-ten und $\left(\frac{n}{2}+1\right)$-ten Zeile (horizontale Spiegelung) und an der Achse zwischen der $\frac{n}{2}$-ten und $\left(\frac{n}{2}+1\right)$-ten Spalte (vertikale Spiegelung). Die Spiegelung an der Diagonalen von links oben nach rechts unten ergibt (siehe Tab. 4.6)

$$f_{d_1} : Q_m \to Q_m, \quad (i, j) \mapsto (j, i)$$

Die Spiegelung an der Diagonalen von links unten nach rechts oben ergibt (siehe Tab. 4.7)

$$f_{d_2} : Q_m \to Q_m, \quad (i, j) \mapsto (m + 1 - j, m + 1 - i)$$

Die Spiegelung an der horizontalen Achse ergibt (siehe Tab. 4.8)

$$f_- : Q_m \to Q_m, \quad (i, j) \mapsto (m + 1 - i, j)$$

Die Spiegelung an der vertikalen Achse ergibt (siehe Tab. 4.9)

Tab. 4.8 Spiegelung an der horizontalen Achse

11	12	13	14	15	16
21	22	23	24	25	26
31	32	33	34	35	36
41	42	43	44	45	46
51	52	53	54	55	56
61	62	63	64	65	66

$\xrightarrow{f_-}$

61	62	63	64	65	66
51	52	53	54	55	56
41	42	43	44	45	46
31	32	33	34	35	36
21	22	23	24	25	26
11	12	13	14	15	16

Tab. 4.9 Spiegelung an der vertikalen Achse

11	12	13	14	15	16
21	22	23	24	25	26
31	32	33	34	35	36
41	42	43	44	45	46
51	52	53	54	55	56
61	62	63	64	65	66

$\xrightarrow{f_|}$

16	15	14	13	12	11
26	25	24	23	22	21
36	35	34	33	32	31
46	45	44	43	42	41
56	55	54	53	52	51
66	65	64	63	62	61

$$f_| : Q_m \to Q_m, \quad (i, j) \mapsto (i, m + 1 - j)$$

Die acht Abbildungen

$$\left\{ f_0, f_{\frac{\pi}{2}}, f_\pi, f_{\frac{3\pi}{2}}, f_{d_1}, f_{d_2}, f_-, f_| \right\}$$

erfüllen bezüglich der Hintereinanderausführung ∘ die Axiome G1–G3 und bilden somit eine Gruppe, die wir mit G_{Sym} bezeichnen.

Die Menge der verschiedenen Konfigurationen, die wir zu untersuchen haben, ist gegeben durch

$$K := \{\{(i, j), (k, l)\} \subset Q_m; (i, j) \neq (k, l)\}$$

Um nun die verschiedenen Muster zählen zu können, müssen wir die acht Symmetrien in der Gruppe G_{Sym} auf der Menge K der Konfigurationen **operieren** lassen. Wir definieren daher für jedes $f \in G_{\text{Sym}}$:

Tab. 4.10 Orbit von $\{(4, 1), (3, 2)\}$

		4	5		
		5	4		
7	1			8	3
1	7			3	8
		2	6		
		6	2		

$$F : K \to K, \quad \{(i, j), (k, l)\} \mapsto \{f((i, j)), f((k, l))\}$$

und erhalten somit acht Abbildungen

$$G := \left\{ F_0, F_{\frac{\pi}{2}}, F_\pi, F_{\frac{3\pi}{2}}, F_{d_1}, F_{d_2}, F_-, F_| \right\}.$$

Zu jedem Element $\{(i, j), (k, l)\} \in K$ wird die Menge

$$O_{\{(i,j),(k,l)\}} := \underbrace{\{\{f((i, j)), f((k, l))\}; \ f \in G_{\mathrm{Sym}}\}}_{= F(\{(i,j),(k,l)\})}$$

als **Orbit** bezeichnet. Tab. 4.10 zeigt den Orbit des Elements $\{(4, 1), (3, 2)\}$ nummeriert von eins bis acht.

Alle Elemente eines Orbits gehören zu einem Muster. Zwei Orbits sind entweder identisch oder disjunkt. Da F_0 die Identität darstellt, gehört jedes Element von K zu mindestens einem Orbit. Verschiedene Orbits repräsentieren verschiedene Muster. Die Aufgabe besteht nun darin, die verschiedenen Orbits zu zählen. Als Hilfsmittel hierzu benötigen wir für jedes

$$F \in \left\{ F_0, F_{\frac{\pi}{2}}, F_\pi, F_{\frac{3\pi}{2}}, F_{d_1}, F_{d_2}, F_-, F_| \right\}$$

die Anzahl der Fixpunkte, also die Mächtigkeit der Menge $M_F \subseteq K$ mit

$$F(\{(i, j), (k, l)\}) = \{(i, j), (k, l)\} \quad \text{für alle} \quad \{(i, j), (k, l)\} \in M_F.$$

Im Allgemeinen verwendet man zur Berechnung von $|M_F|$ die Zyklendarstellung der entsprechenden Permutation $f \in G_{\mathrm{Sym}}$. Es gilt

$$|M_{F_0}| = \binom{m^2}{2} \quad \text{und} \quad \left|M_{F_{\frac{\pi}{2}}}\right| = \left|M_{F_{\frac{3\pi}{2}}}\right| = 0.$$

Da einer Drehung um den Winkel π der Spiegelung am Schnittpunkt der beiden Diagonalen entspricht, gibt es

$$|M_{F_\pi}| = \underbrace{\binom{m}{2}}_{\text{Gitterpunkte unter der Diagonalen}} + \underbrace{\frac{m}{2}}_{\text{halbe Diagonale}}$$

Fixpunkte (siehe Tab. 4.11). Für die horizontale und vertikale Spiegelung gibt es jeweils $\frac{m^2}{2}$ Fixpunkte. Für die Spiegelung an einer Diagonalen gibt es jeweils $2\binom{m}{2}$ Fixpunkte, da man $\binom{m}{2}$ Paare auf der Diagonalen wählen kann und da es $\binom{m}{2}$ Gitterpunkte unter der Diagonalen gibt. Die Tatsache, dass die Anzahl der Fixpunkte unserer acht Symmetrien

$$F \in \left\{ F_0, F_{\frac{\pi}{2}}, F_\pi, F_{\frac{3\pi}{2}}, F_{d_1}, F_{d_2}, F_-, F_| \right\}$$

helfen, die Anzahl #O der verschiedenen Orbits und damit die Anzahl der verschiedenen Muster zu zählen, ist durch den **Satz von Burnside** gegeben:

$$\#O = \frac{\sum\limits_{F \in G} |M_F|}{|G|}.$$

In unserem Beispiel erhalten wir

$$\#O = \frac{m^4 + 6m^2 - 4m}{16}$$

Tab. 4.11 Fixpunkte der Drehung um π

3	8	12	15	17	18
4	2	7	11	14	16
9	5	1	6	10	13
13	10	6	1	5	9
16	14	11	7	2	4
18	17	15	12	8	3

verschiedene Muster (für $m = 6$ ergeben sich 93 verschiedene Muster). Möchte man zum Beispiel durch Lochkarten dieser Art zehntausend verschiedene Identitätskarten herstellen, so ist $m = 20$ zu wählen.

Was Sie aus diesem *essential* mitnehmen können

- (geordnete) Mengen und Multimengen
- Typische kombinatorische Fragestellungen
- Wichtige Techniken des Zählens
- Potenzreihen in der Kombinatorik

© Springer Fachmedien Wiesbaden GmbH, ein Teil von Springer Nature 2019
S. Schäffler, *Die Kunst des Zählens,* essentials,
https://doi.org/10.1007/978-3-658-24696-9

Literatur

[Ai06]   Aigner, M.: *Diskrete Mathematik.* Fr. Vieweg & Sohn, Wiesbaden 2006^6.

[BaHr17]   Barot, M., Hromovič, J.: *Stochastik. Diskrete Wahrscheinlichkeit und Kombinatorik.* Birkhäuser, Cham 2017.

[MaTo11]   Mariconda, C., Tonolo, A.: *Discrete Calculus. Methods for Counting.* Springer Nature, Switzerland 2016.

[ReSt11]   Reiss, K., Stroh, G.: *Endliche Strukturen.* Springer, Berlin Heidelberg 2011.

[Ti14]   Tittmann, P.: *Einführung in die Kombinatorik.* Springer, Berlin Heidelberg 2014^2.

© Springer Fachmedien Wiesbaden GmbH, ein Teil von Springer Nature 2019
S. Schäffler, *Die Kunst des Zählens,* essentials,
https://doi.org/10.1007/978-3-658-24696-9